AF312673

INTRODUCTION

HISTORIQUE

DE LA MINÉRALOGIE

MODERNE.

Extrait de l'Encyclopédie portative.
Lu à la Société Linnéenne.

PARIS, IMPRIMERIE DE DECOURCHANT,
Rue d'Erfurth, n° 1, près l'Abbaye.

INTRODUCTION

HISTORIQUE

DE LA

MINÉRALOGIE

MODERNE,

PAR J.-O. DESNOS,

Membre de la Société Linnéenne de Paris, et de plusieurs
autres Sociétés savantes de France.

Paris,

AU BUREAU DE L'ENCYCLOPÉDIE PORTATIVE,
Rue du Jardinet-Saint-André-des-Arts, n. 8.

1827.

INTRODUCTION

HISTORIQUE

DE LA MINÉRALOGIE

MODERNE.

—————

La connaissance de la composition intérieure du globe terrestre offre au moins autant d'intérêt que l'étude des êtres organisés qui existent à sa surface. Cette connaissance est le but de la *Minéralogie générale*. L'investigation des grandes masses terrestres, et celle de la multitude de corps particuliers dont ces masses se composent, se trouvèrent long-temps réunies dans cette science; elle s'est enfin divisée en deux branches parfaitement distinctes. L'une, désignée par le simple nom de MINÉRALOGIE, dirige le savant dans la classification des particules constituantes, habituelles ou extraordinaires, des

.1

masses ; l'autre ouvre un vaste champ à tous les GÉOLOGUES, qui, se livrant à des suppositions plus ou moins probables, ou profitant des faits observés jusqu'à eux, ont déjà établi et rejeté tour à tour les divers systèmes que nous possédons sur la formation primitive de notre planète.

La Minéralogie, au premier abord, semble tirer son origine des temps modernes, et nous ne pouvons facilement croire à son ancienneté. Cependant, comme toutes les autres, nous la voyons naître aussitôt que le besoin de vivre en société se fit sentir.

Aussi les premiers hommes qui cherchèrent à dominer l'esprit de la multitude reconnurent facilement que l'étude des phénomènes terrestres pouvait seule les conduire à ce but ; on les vit donc se livrer au travail avec ardeur, interroger la nature, et puiser même dans les entrailles de notre globe les secours dont ils avaient besoin. Tout fut mis en usage pour corroborer leur puissance, et les découvertes utiles, simples effets du hasard, furent recueillies avec soin pour être ensuite offertes aux peuples comme des présens de la Divinité.

C'est ainsi que ces hommes apprirent les premiers élémens des arts, et qu'ensuite ils les enseignèrent à leurs adeptes. Il est donc présumable que la Minéralogie fut entre leurs mains une des sciences les plus utiles pour civiliser les hommes des premières sociétés; avec son secours on sut bientôt extraire du sein de la terre les métaux et les pierres. Celles-ci furent les seuls instrumens que la nature présenta d'abord à l'homme: avec elles il fallut se construire des habitations qui ne purent être que de simples cavernes ou de grossiers amas de roches. Parmi ces pierres, l'industrie humaine s'avisa bientôt de choisir les plus dures pour tailler les plus tendres et pour former les outils indiqués par la nécessité. La variation des saisons et le besoin de faire cuire les alimens faisant rechercher une chaleur plus grande que celle du soleil, ce fut des pierres dites *silex* qu'on fit jaillir les étincelles enflammées qui devaient perpétuer le feu sur la terre, comme plus tard, chez les Romains, le répétèrent les chefs religieux du temple de Vesta.

Peu à peu la Minéralogie s'associa aux autres branches de nos connaissances pour conduire les sociétés vers la civilisation ; science de la nature, elle ne demanda pas d'instruction à l'homme pour lui être utile ; elle s'offrit pour ainsi dire à lui ; et, guidé par ses sens, il n'eut qu'à choisir les substances minérales qu'il voulait appliquer à tel ou tel objet.

A mesure que l'éducation du monde avança, chaque jour de nouvelles directions furent imprimées à la Minéralogie. Dès que le cultivateur, par exemple, en creusant le champ qu'il devait ensemencer, eut découvert quelque filon métallique de fer, d'or, d'argent ou de cuivre, il abandonna son soc de pierre pour adopter de semblables instrumens en métal ; et la hache qui lui servait à abattre les arbres avec lenteur, devint plus tranchante du moment qu'il parvint à rendre le fer malléable et qu'il put forger sa cognée.

Ce fut alors que la civilisation marcha à grands pas, et que chacun se distribua une partie spéciale dans l'art d'appliquer les minéraux aux besoins de la société. Les uns apprirent à connaître ces substances en indiquant à quoi elles pouvaient servir ; les

autres, simples manœuvres, donnèrent leurs
soins à les extraire du sein de la terre et à
les travailler de diverses façons.

C'est donc de l'enfance des sociétés que
nous devons faire dater l'origine ration-
nelle de la Minéralogie ; et l'antiquité rap-
proche peut-être trop cette époque, en n'at-
tribuant qu'à *Vulcain* ou au *Crysaor* des
Juifs (personnages qui nous semblent les
mêmes), l'invention des ouvrages d'or et
d'argent, ainsi que de ceux d'airain et de
fer. Car les métaux devaient être connus
bien avant ces personnages, dont l'existence
fictive ou réelle annonce suffisamment que
de leur temps une espèce de civilisation ré-
gnait déjà sur la terre. Tout porte à croire
qu'on se servit tant bien que mal des filons
métalliques dès l'instant que la main de
l'homme les eut découverts.

Parmi les premiers individus qui s'adon-
nèrent spécialement au travail des métaux
dans ces temps anciens, et dont les noms
nous soient parvenus, on remarqua plus
particulièrement *Tubalcain* qui se signala
trois générations après Crysaor; ses des-
cendans, ou bien ceux de Seth, donnè-

rent naissance à *Exaël*, célèbre artisan qui marqua son passage sur la terre par un perfectionnement dans l'art de combattre, puisqu'il est le premier qui ait montré aux hommes à fabriquer les épées, les cuirasses et les machines de guerre. Il fut cher à la science tout en déméritant de l'humanité. Avant cette découverte, on savait déjà faire usage des pierres précieuses, bien que les saintes Écritures ne nous parlent de l'emploi de ces dernières que beaucoup plus tard.

Sans nous arrêter sur ce sujet, nous passerons rapidement sur les siècles qui ont précédé le déluge, faute de pouvoir soulever le voile qui les couvre; et nous arriverons à *Bézéléel*, contemporain de Moïse. Il fut, selon ce dernier, choisi par la voix de Dieu pour construire et orner dans le désert l'arche sainte des Hébreux. Élevé par les Égyptiens, il emporta dans sa fuite les talens qu'il avait acquis chez eux. Le tabernacle pompeusement décoré par ses soins, l'heureux emploi que son art sut faire des riches présens apportés à cet effet par le peuple juif, assurèrent sa renommée. L'or et

l'argent sous ses mains prirent diverses formes, et les pierres précieuses lui servirent à
broder de mille couleurs et de mille feux le
pectoral du pontife. Les descriptions de ses
travaux ont été probablement embellies par
les chroniques hébraïques ; néanmoins on en
peut conclure que les Égyptiens étaient déjà
fort avancés dans les sciences et dans les
arts ; que l'or, l'argent, l'airain et le fer leur
étaient connus, et que les pierreries étaient
pour eux du plus grand prix. Ils les esti-
maient dans l'ordre suivant : la *calcédoine*,
la *topaze* (rose probablement), l'*émeraude*,
le *béril*, le *rubis* ou *grenat*, qu'ils désignaient
par le nom d'*escarboucle*; le *diamant*, le *li-
gure*, que l'on pense devoir être une variété
du *zircon* actuel; l'*agathe*, l'*améthyste*, la *chry-
solite*, l'*onyx* et le *jaspe*. Ils savaient aussi
travailler les métaux, les jeter en fonte et
les ciseler au burin; leurs vases sacrés en
fournissent la preuve. Et sans discuter avec
Voltaire sur la promptitude miraculeuse
avec laquelle on rapporte qu'ils ont fondu
le fameux veau d'or, nous pouvons croire à
la connaissance de cet art chez les Hébreux
dès leur sortie d'Égypte. Ils connaissaient

en outre l'art de monter les pierreries sur
or et sur argent ; car il est souvent ques-
tion, dans les livres saints, de chaînes et
bracelets d'or, de boucles d'oreilles, de
bagues et autres bijoux qui, sans but d'utilité générale, furent, comme à présent, spécialement destinés à la parure des femmes.

A l'époque de la fuite des Juifs, on peut
affirmer, d'après l'état présumé des connaissances des Égyptiens, que ce peuple était
alors dirigé vers les arts par des prêtres sages
et savans qui regardaient comme indispen-
sable l'étude des sciences, et notamment
celle de l'intérieur de la terre. Déjà ces
mêmes prêtres avaient jeté les bases d'un
système qui depuis divisa toujours les éco-
les : la fertilité de leur sol étant le résultat
des inondations du Nil, ils furent naturellement amenés à penser que l'eau devait être
le principe de tout. *Moïse*, recueilli par une
fille des rois d'Égypte, et qui fut élevé d'a-
près ses ordres avec le plus grand soin, avait
puisé dans les leçons de ces sages d'Égypte
les mêmes idées ; aussi, dans sa description
de la création du monde, il place la terre
parmi les élémens, et la regarde comme un

dépôt formé par la stagnation des eaux autour de notre globe.

On peut donc regarder les archives saintes composant l'ancien Testament comme un des plus précieux monumens qui nous restent de ces temps ; et nous y puiserons quelques faits tendant à éclairer nos doutes sur l'antiquité des connaissances minéralogiques.

D'abord, comme chez tous les autres peuples d'Orient, nous y trouvons notre *sel commun* jouissant de la plus grande vénération ; il était employé dans les sacrifices comme symbole d'une incorruptibilité éternelle. Cette propriété donna lieu au respect qu'on porta au fameux *pactum salis* qu'on trouve au *liv.* ii des *Paralipomènes*.

Une autre substance bien connue, surtout chez les Égyptiens, fut le *bitume* ou *poix minérale* dont Noé enduisit l'arche sainte, et avec lequel on présume, d'après la Genèse et Quinte-Curce, qu'on avait cimenté les briques des murs de la tour de Babel et de la ville de Babylone ; ce qui indique en outre qu'on savait déjà se servir de l'argile desséchée.

La promptitude du *soufre* à s'enflammer dut frapper les yeux des peuples de tous les temps ; aussi les Hébreux lui avaient-ils donné le nom significatif d'*ophérit* ; et il paraît, d'après Millin, que les habitans de la Grèce à l'époque d'Homère l'employaient à des usages religieux ; car Ulysse en rentrant dans ses foyers, et après avoir tué tous les prétendans à la main de Pénélope, voulut brûler du soufre dans son palais pour le purifier et honorer les dieux.

Je ne m'étendrai pas davantage sur les substances minérales connues de toute antiquité. Mais il est peut-être utile de faire remarquer la hardiesse et l'habileté des peuples d'Orient, dans des siècles où la barbarie couvrait encore les forêts druidiques de la Gaule et de tout l'Occident. Ne doit-on pas admirer le peuple qui arracha du milieu de ses montagnes ces énormes masses de granit, ce peuple dont les obélisques sont presque toujours composés d'un seul bloc, ayant jusqu'à cent dix-huit pieds d'élévation, comme ont pu le remarquer les savans de la commission d'Égypte : on dit même que le travail de quelques-uns de ces blocs a occupé jusqu'à vingt-mille ouvriers, et que le transport de certains autres n'a pas demandé moins de deux mille bateliers pendant trois ans, pour les transporter par le Nil jusqu'à Saïs, où ils devaient être placés. Les Français, pendant la guerre d'Égypte, n'ont-ils pas eux-mêmes constaté, dans un ouvrage immortel comme leurs victoires, l'étonnant travail de ces monstrueux édifices appelés pyramides, dont le plus grand, composé de pierres d'une trentaine de pieds de longueur, a plus de quatre cent soixante-deux pieds d'élévation. On assure que trois cent soixante-six mille ouvriers ont mis vingt ans à construire cette seule pyramide. En admirant ces travaux, n'est-on pas naturellement porté à croire qu'à l'époque de la construction de ces monumens gigantesques, les sciences prêtaient aux arts un secours puissant?

Plus tard, les Grecs acquirent aussi des Égyptiens la connaissance des phénomènes de la nature, et l'on vit *Thalès*, plusieurs siècles avant notre ère (640 ans avant J.-C.), aller étudier sous les prêtres de Memphis. En reconnaissance de leurs leçons, il les initia dans l'art d'obtenir exactement la hauteur des fameuses pyramides. De retour dans sa patrie, il éleva une école à Milet. Parmi ses disciples, une partie modifia ses principes, et l'autre adopta différens systèmes.

C'est dans cet état qu'*Hérodote* (450 ans avant J.-C.) trouva une science sur laquelle il a dit quelques mots qui furent taxés d'imposture jusqu'à ces derniers temps, par tous ceux qui n'eurent pas le bonheur ou l'habileté de retrouver les phénomènes dont il fut l'historien. Ses récits, qui semblaient d'abord tenir du merveilleux, prennent chaque jour plus de consistance; ses fables, pour nous, deviennent des réalités embellies seulement des jeux d'une brillante imagination.

Les géologues et les voyageurs modernes ont même reconnu une ombre de vérité dans un passage sur l'exploitation d'or par des fourmis, où il est dit qu'on voit de petits insectes, dans une partie du Bas-Thibet, tirer à découvert des amas de sable aurifère en creusant leurs terriers. Ce phénomène n'est pas rare dans la Haute-Asie et dans plusieurs parties de la Libye, comme nous l'a assuré M. Cordier, un de nos géologues les plus distingués, qui faisait partie des savans de la commission d'Égypte. D'après l'explication qu'il nous en a donnée, cette exploitation, qui paraît si extraordinaire au premier abord, est toute naturelle. Le sol étant un sable aurifère très-meuble, les fourmis y creusent leurs demeures, et le soulèvent ainsi en forme de buttes ou fourmilières. Vient-il à pleuvoir, les eaux entraînent la terre meuble du sommet de ces buttes ; mais les parcelles d'or ayant une pesanteur spécifique plus grande que celle du sable, elles restent à la surface et au milieu des fourmilières, et l'on n'a besoin que de recueillir cette réunion de parcelles pour avoir de l'or assez pur. Ce phénomène, d'après l'analogie des terrains, pourrait peut-être se remarquer aussi en Europe et même en France dans quelques-uns de nos départemens du midi.

Un siècle après Hérodote (340 avant J.-C.), un génie plus méthodique, auquel on ne craignit pas de confier la jeunesse du grand Alexandre, essaya le premier de ranger les corps bruts avec ordre, et il en forma deux grandes classes : les *fossiles* et les *métalliques*.

Parmi les premiers, considérés par lui comme d'origine terrestre, il plaça l'*ocre*, le *soufre*, l'*orpiment*, le *minium*, et plusieurs substances qui n'ont même rien de commun avec les minéraux ; parmi les seconds, il rangea tous les métaux qui lui semblèrent d'origine aqueuse, parce qu'ils sont ductiles et qu'ils deviennent liquides par la fusion.

Quelle que soit l'erreur d'*Aristote* en principe, nous devons admirer et respecter ses essais. Il fut suivi dans sa classification par *Théophraste* (320 avant J.-C.), qui sous-divisa seulement les fossiles en *pierres* et en *terres*, et les groupa suivant leur densité et leur manière de se comporter au feu. C'est donc de cette époque que datent vraiment les *essais pyrognostiques*.

Dans les premières années de la fondation de l'église chrétienne, *Dioscoride* (75 ans de J.-C.) divisa les minéraux, d'après leur nature, en *terrestres* ou en *marins*. On retrouve cette division dans les ouvrages de *Pline*, et l'on accuse ces deux auteurs de l'avoir empruntée à un certain *Sextus Niger*, dont il ne nous reste absolument rien. Cette imputation, bien ou mal fondée, n'ôte aucune valeur aux ouvrages du naturaliste romain, qui prit un soin particulier de nous conserver dans ses extraits la description exacte des terres, des pierres, des métaux, de leur exploitation et de leurs usages. Nous retrouvons même l'opération de l'amalgame dans un moyen que Pline indique, et dont on se servait à Rome pour retirer l'or et l'argent des vieux habits. Une catastrophe horrible marqua la mort de cet ami des sciences ; il périt au pied du Vésuve, à la suite d'une épouvantable éruption. Infatigable observateur de la nature, on dirait que, sur le point d'être devinée, pour échapper à ses regards investigateurs, elle se vit forcée de l'engloutir dans son sein !

A cette époque, et probablement bien avant Pline, une grande partie des propriétés de certains minéraux était déjà connue, et l'électricité même n'était pas restée inaperçue, puisque cet auteur assure que « les Nasamones, peuple de la Libye, croyaient que leur *pierre électrique*, appelée *carbunculus* et *carchédonius*, était tombée du ciel dans leurs montagnes. »

Bien d'autres fables pourraient encore

être rapportées; car Pline nous a transmis toutes celles qui étaient en faveur de son temps. Il nous semble plus utile d'indiquer d'une manière précise, l'état de la minéralogie à l'instant où ce grand naturaliste écrivait. C'est la seule époque ancienne qui nous soit passablement connue. Nous lisons dans cet auteur que le *diamant* pouvait se percer avec un autre diamant, travail bien difficile qui n'a été retrouvé que depuis peu d'années, et auquel l'horlogerie doit la perfection de ses montres, grâce aux soins du fameux Bréguet.

Sans chercher à suivre le naturaliste romain, observons que l'*argile* avec laquelle on composait alors les briques cuites et les vases tournés, servait en outre à faire des briques non cuites, que dernièrement encore on a voulu faire passer comme une invention presque nouvelle. Cependant ces briques crues sont maintenant reconnues avoir été d'un usage immémorial en Égypte; car nous voyons dans la description des ruines de *Sân* ou *Tanis* des anciens, par M. Cordier, que l'enceinte de cette ville était construite en briques crues fort grandes, composées de la terre du sol, pétrie avec de la paille hachée. La célébrité de cette ville, dont l'existence remontait déjà à une assez haute antiquité du temps de Moïse, nous prouve que ces briques, dont il est aussi parlé dans la Bible, ne sont pas une invention récente. Nous remarquerons encore que bien avant cette époque on savait rendre les bois incombustibles ; car nous lisons dans Aulu-Gèle qu'Archélaüs, combattant sous Mithridate, fit construire une tour de bois qui, par un enduit d'alun, fut mise à l'abri de l'incendie.

Quant aux diverses couleurs employées en peinture, on les obtenait des ocres ou terres argileuses, plus ou moins et différemment colorées par des oxides métalliques ; et les Égyptiens, ce peuple antique qui fit l'éducation des Hébreux, possédaient, bien long-temps avant Pline, des couleurs d'une vivacité inaltérable, comme nous l'indiquent les peintures qui décorent leurs sarcophages et leurs amulettes. Mais dans cette partie des arts nous n'avons presque rien à envier aux anciens. Nos David, nos Gérard, nos Gros, et tant d'autres peintres illustres ont prouvé victorieusement que le talent ingénieux d'appliquer savamment les couleurs sur la toile, peut aujourd'hui les faire ressortir aussi vives que celles qui brillèrent autrefois sur la palette de Xeuxis ou d'Apelles.

Nous ne passerons pas sous silence ces marbres antiques dont les Romains décoraient leurs édifices. Le luxe et le faste que ces maîtres du monde étalaient pendant leur vie, les entouraient encore après leur mort. C'est ainsi que de magnifiques tombeaux, surmontés de l'urne cinéraire, attestaient que leur orgueil leur avait survécu. Pour recueillir avec soin les cendres des riches ou des grands hommes, on eut recours à la minéralogie. On devine aisément que je veux parler des toiles incombustibles d'*amiante*, composées des filamens de cette matière minérale. Ces toiles, dans ces temps, sans être très-rares, étaient pourtant du plus grand prix; aujourd'hui qu'on a changé le mode de sépulture, elles seraient à peu près inutiles.

Peu après la mort de Pline, la minéralogie eut pour auxiliaire cette science occulte dont le but était de trouver l'art de faire de l'or; on assure même qu'une avidité sordide succédant aux appétits sanguinaires de Caligula, il voulut forcer l'orpiment à revêtir la forme, la couleur, et prendre toutes les propriétés du métal le plus précieux. Cette folie, qui donna quelque repos à l'humanité, avait alors le surnom d'occupation des sages, d'*art hermétique* et divin, et en dernier lieu d'*alchimie*. Source de la chimie actuelle, cette science fut souvent de la plus grande utilité à la métallurgie : ce fut *Zozime*, auteur grec, qui en parla le premier. Il paraît que les Égyptiens avaient porté cette science tellement loin, que Dioclétien, au dire de Suidas, fut effrayé du pouvoir des alchimistes, et qu'à la prise d'Alexandrie il fit brûler toutes leurs archives mystérieuses, qui n'étaient probablement que des notes scientifiques recueillies d'après les expériences. Les Grecs enseignèrent (an 700) à leur tour aux autres nations les sciences et les arts; et ce fut un siècle après la mort de Mahomet que *Géber*, auteur arabe, apporta de la Grèce en son pays la connaissance de la transmutation des métaux. L'épée du grand

prophète avait prouvé forcément la bonté
de sa religion dans l'Orient; il en fut de
même chez les Arabes, et ce fut à la suite de
ces conquêtes que Géber fit dominer dans
ce pays l'heureuse influence des sciences
dont il avait besoin. L'étude y produisit
quelques hommes remarquables; *Avicenne*
(1100) surtout se fit connaître par une division minérale qui était encore admise il y a
quelques années; il avait créé quatre classes :
les *pierres*, les *métaux*, les *soufres* ou *substances inflammables*, et les *sels* : il avait démontré en outre l'utilité de la chimie pour
distinguer les minéraux. Ici nous voyons
naître l'*analyse générale* et les essais chimiques et minéralogiques par la voie humide.
Au milieu de cette succession de lumière et
d'obscurité dans les travaux scientifiques,
la théorie d'Aristote reprit faveur pendant
quelque temps (1214), grâce aux soins du
moine *Roger Bacon*, qui la répandit en Angleterre, où l'ignorance de ses compatriotes
l'avait forcé à chercher un asile. L'expérience guidait toujours ses travaux, et tout
porte à croire que la composition de la pou-
dre à canon ne lui resta pas inconnue.

Les alchimistes instruits et les ignorans souffleurs de charbon continuèrent à forcer le hasard de leur offrir, de distance en distance, des découvertes utiles; ainsi (1250), *Raymond Lully* trouva l'opération du départ des métaux; *Valentin* fit connaître l'antimoine et les diverses propriétés médicales de ses composés, et *Isaac* enfin soumit l'analyse métallique à quelque méthode.

Un repos assez long vint engourdir les sciences : le fanatisme religieux domina presque seul pendant plus d'un siècle. Quelques savans courageux osèrent cependant lutter contre les sectes religieuses, et tentèrent d'éclairer de nouveau le monde; mais ils furent presque tous victimes de leur généreux dévoûment. Ainsi, dans ces temps de barbarie (1400), *Agricola* ne fut-il pas privé pendant cinq jours de sépulture, pour s'être opposé aux Luthériens? C'est à lui qu'on doit la renaissance de la métallurgie. Dans le cours de ses nombreux travaux, il fit la découverte du bismuth; et, ce qu'on n'apprendra pas sans le plus profond étonnement, c'est que les opérations des mines et les machines d'exploitation qu'il a décrites,

étaient encore à peu près en usage à la fin
du dix-huitième siècle; mais depuis le com-
mencement du siècle actuel, nos ingénieurs
modernes leur ont fait subir une foule de
perfectionnemens plus importans les uns
que les autres, et les travaux des mines, indiqués par Agricola, ont éprouvé une méta-
morphose complète.

Nourri de la lecture des savans alchimistes grecs, ce savant n'avait pu se défendre
d'une superstition populaire : il croyait, dit-
on, aux esprits follets ; et, comme nos simples mineurs, il les accusait de produire les
effets souvent terribles des *mofettes*.

Vers 1541, *Paracelse* se livrait aussi aux
travaux hermétiques : il obtint le zinc dans
la série de ses expériences ; tandis qu'un
simple potier de terre, *Bernard de Palissy*,
fit remarquer la France pour la première
fois dans la science minéralogique.

Enfin parut en Europe un de ces génies
extraordinaires dont la nature se montre si
avare, le célèbre chancelier *Bacon* fit pres-
sentir l'attraction, en regardant toutes les
parties de la matière comme mues par une
force cachée qui les oblige à graviter l'une

vers l'autre. Déjà, liv. 7, chap. 8, Pline avait entrevu cette vérité en prévenant qu'il ne fallait pas nier la gravité des corps; mais plus tard (1642), un génie d'un ordre encore plus élevé vint réclamer l'honneur de cette découverte, et l'illustre *Newton* apporta les preuves irrécusables de la gravitation.

La minéralogie marcha bientôt de progrès en progrès, et les recherches des savans amenèrent des résultats plus ou moins heureux : les uns firent revivre des systèmes oubliés, comme *Bécher* (1664), qui donna une attention toute particulière aux indications déjà présentées par Théophraste et Avicenne, sur la manière dont les minéraux se comportent au feu ; les autres firent des découvertes spéciales. En Danemarck, l'anatomiste *Sténon* (1669) observe le premier des êtres organisés dans les couches de la terre ; en Angleterre, le physicien *Boyle* (1673) retrouve la propriété extraordinaire de l'électricité dans certains minéraux; plus tard, c'est *Burnet* (1681), et ses rêves sur la croûte de la terre; *Woodwart* (1708), et sa suspension momentanée de la cohésion des minéraux; ensuite *Scheuchzer*, et sa cause du déluge; *Whiston*, et sa création de la terre; c'est *Brandt* (1723), découvrant l'arsenic et le cobalt; en 1730, *Bromel* propose son système, tandis que le platine se présente à *Wood*; bientôt (1739) *Cramer* offrit sa classification, et fut suivi dans la route des essais d'arrangement, par *Henckel* (1747) et *Woltersdorff* (1748). Mais vers ce même temps (1767), l'on vit sur l'horizon scientifique deux hommes illustres dont les travaux de chacun forment des époques marquantes dans la Minéralogie, qui n'est sortie de ses langes qu'à l'apparition de ces deux génies : l'un, *Walerius*, en Suède, a établi le premier la méthode des caractères extérieurs sur des bases plus certaines que celles adoptées avant lui, et il fit dominer ce moyen pour déterminer l'espèce des minéraux; l'autre, *Cronsted* (1750), donna naissance à sa classification par ordres, genres et espèces, d'après la composition chimique des substances. Au milieu de ces travaux Cronsted trouva le *nikel* et se livra aux essais pyrognostiques du chalumeau avec *Gahn* son élève. Pendant que Cronsted publiait et corrigeait son système, divers essais de classification furent faits par *Gellert* (1750) et *Cartheuser* (1755); alors *Leibnitz* s'amusait, à la manière de Descartes, à supposer la terre un soleil éteint, lorsque *Demaillet* ne voyait partout qu'inondations et poissons. Enfin (1755) parut le grand écrivain de la nature, l'immortel *Buffon*, apportant au secours des sciences son profond génie et le charme séduisant de son style. Il observa beaucoup, écrivit encore plus et se trompa quelquefois; mais ses erreurs mêmes ont de l'attrait, et l'on s'épuise en vains efforts pour oublier les pages séduisantes qui auront l'inconvénient de faire passer ces erreurs à la postérité.

Après cet illustre naturaliste, qui fit de la terre un corps détaché du soleil par le heurtement d'une comète, on continua à faire des recherches positives sur les phénomènes terrestres; et diverses descriptions de plusieurs parties du globe furent publiées : ainsi *Tylas* en Suède (1756), et *Lehmann* (1759) en Allemagne, se firent remarquer par leurs travaux d'observation, pendant que *Sage*, métallurgiste de Paris, indiquait aux gens du monde les progrès de la science, et que *Venzel* (1762) et *Val- mont de Bomare* (1764) cherchaient à établir un système basé sur les caractères exté- rieurs.

Au milieu de cette marche rapide, on ar- riva à la géographie physique de *Bergmann*, dans laquelle se trouvent exposées avec or- dre et méthode les notes des savans et le peu de lignes que plusieurs voyageurs avaient consacrées dans leurs écrits à la description du sol qu'ils avaient foulé. Quelques - uns de ces voyageurs, plutôt observateurs de la nature que des mœurs des nations, enrichi- rent la science de nouveaux faits, et la do- tèrent pour ainsi dire des matériaux dont elle avait besoin pour se fixer définitive- ment : ainsi l'on vit *Faujas* et *Deluc* (1770) explorer les volcans ; et ce dernier produire son *système fluviatile*, tandis que *Linneus* apercevait l'uniformité des cristaux, et que le célèbre *de Saussure* faisait connaître l'in- térieur des Alpes. Alors l'Italie à son tour (1771) vint fixer l'attention générale : de nou- velles idées furent émises par *Capeller* sur les cristaux. Cette découverte offrit un vaste champ aux naturalistes; ce qui n'empêcha pas *Scopoli* (1772) de proposer de classer les minéraux d'après leurs caractères extérieurs, lorsqu'en même temps M. *de Born* établissait un système à peu près pareil à celui de Cronsted.

A cette même époque (1774) à peu près, l'on vit paraître un réformateur de la science, celui qui le premier envisagea sous son véritable point de vue l'étude générale de la Minéralogie. C'est *Werner*, fondateur de l'école de Freyberg en Saxe. Ce savant, pour ainsi dire fils de Wallerius et de Cronsted, leur emprunta les élémens de son propre système, et introduisit la méthode linnéenne dans la Minéralogie, en s'appuyant sur les expériences chimiques d'Homberg et de Wensel. Il envisagea les minéraux sous trois points de vue différens, savoir : leur nature chimique, leur structure et leurs caractères extérieurs : dans ses leçons, il divisa les minéraux en simples et mélangés ; les premiers, formant une grande classe, furent traités sous le nom d'*oryctognosie*, et décrits d'après leurs caractères extérieurs, et les impressions qu'ils font sur nos sens ;

les seconds firent partie d'une autre classe, comme entrant spécialement dans la composition des grandes masses. Doué d'un tact très-délicat, ce professeur *méthodisa l'empyrisme*; il s'entourait, dans ses cours, d'un grand nombre d'échantillons, et, s'abandonnant à ses heureuses inspirations pour décrire les minéraux, il rapprochait par leurs propriétés analogues ceux qu'il avait sous les yeux. C'est ainsi que chaque jour il obtenait les applaudissemens d'un auditoire nombreux et instruit, à l'influence duquel il dut, et sa réputation, et la propagation européenne de son système tant oryctognostique que géognostique. Mais ce système bientôt fit naître des discussions qui, basées sur des faits observés, devinrent précieuses pour l'avancement de la science.

Après sa mort, son système géognostique surtout, qui était tout neptunien, fut vivement attaqué, et ses élèves furent obligés de le défendre : les uns s'acquittèrent de ce devoir avec cet enthousiasme aveugle qui ne sait faire aucune concession; les autres, avec cette sagesse qui met à part et abandonne les erreurs pour profiter seulement des vérités,

en recueillant toujours de nouveaux faits
afin d'éclairer leur conscience et celle de
leurs antagonistes. Parmi ces derniers, qui
abandonnèrent en partie le système de Werner et dont la sagacité de jugement n'appartient qu'aux hommes du plus grand génie, MM. de Buch et Alexandre de Humbolt viennent naturellement se placer en première ligne ; après eux, MM. Brochant et d'Aubuisson ont des noms assez célèbres pour prouver que l'école de Freyberg forma des savans distingués.

En 1779 *Monnet*, et *Fourcroy* en 1780, établirent chacun un système chimique de minéraux.

Chaque jour, la chimie continua donc rendre de nouveaux services à la Minéralogie : *Dellnyard* (1781) découvrit le tungstène, *Grégor* le titane, *Muller* le tellure, *Hielm* (1782) le molybdène ; et *Bergmann*, adoptant en partie le système de *Cronsted*, y ajouta deux ordres de terres, la magnésie et la baryte. *Kirwan*, en suivant la même division, rangea le diamant parmi les graphytes, et *Richter*, en répétant les expériences de *Wenzel*, chercha à déterminer la saturation des acides et des bases, tandis que *Valmont de Bomare* imaginait, probablement avec raison, la formation vaporeuse des filons. A cette époque (1783), *Romé de Lisle* démontra la constance des angles que font entre elles, dans les espèces, les différentes faces des cristaux, malgré les anomalies qui sont quelquefois causées par l'empiètement des faces.

Après eux, *Daubenton* (1784), peu satisfait des résultats des analyses chimiques, divisa la Minéralogie en quatre ordres : le premier contient les *sables*, les *terres* et *pierres*, suivant qu'elles étincellent ou non sous le choc du briquet, et qu'elles font effervescence avec les acides : à la suite de cet ordre, il rangea les *agrégats*. Le second renferme les *sels solubles* dans l'eau, sans y comprendre toutefois le gypse et le carbonate de chaux ; car ces substances n'étaient encore regardées que comme de simples pierres. Les *corps inflammables* trouvent place dans le troisième ordre, et les *métaux* forment le quatrième ; en rejetant dans un appendice les *produits volcaniques*.

Toutes ces méthodes plus ou moins arbitraires ne pouvaient convenir à l'esprit

d'un profond mathématicien. Aussi , tandis
que *Klaproth* découvrait l'urane, un élève
de *Daubenton*, réfléchissant à la similitude
cristalline des minéraux, déjà indiquée par
Linnée, Capeller et Romé de Lille, enfanta
un nouveau système. Ce fut le célèbre *Haüy*,
qui devint le créateur de l'école française.
Pour arriver à ce but, il mit à contribution
les travaux de ses prédécesseurs et leur
emprunta ce qu'il pensa devoir être le plus
propre à fonder une bonne méthode : les
grandes classes furent divisées d'après la nature chimique des corps , puis il appliqua
d'une part les mathématiques et la physique à la connaissance des espèces cristallisées , les forçant de cette manière , pour
ainsi dire , à se faire reconnaître par les
formes régulières que l'exactitude du calcul imposait aux cristaux ; ce travail, qu'il
perfectionna jusqu'à sa mort, parut sous le
nom de *cristallographie;* et d'une autre part,
tant pour venir à l'appui des caractères géo-
métriques que présentent les cristaux, que
pour avoir les moyens de reconnaître les
espèces non cristallisées , il admit dans son
système la réfraction, le magnétisme, l'élec-

tricité, la pesanteur spécifique, et plusieurs
autres caractères chimiques et extérieurs,
en donnant, dans la description de ces espèces, la prééminence aux caractères résul-
tant de l'agrégation. M. Haüy a donc réuni
tous les caractères et a perfectionné leur
étude en y ajoutant tous ceux que la physique pouvait lui offrir. Cette théorie fut
développée dans son grand ouvrage de Minéralogie, qui reçut depuis divers dévelop-
pemens et plusieurs modifications ; son auteur, guidé par les progrès journaliers de
la science, lui ayant fait subir, dans deux
éditions successives, d'importantes amélio-
rations. Cependant il faut avouer qu'elle
exigeait une telle masse de connaissances
préliminaires, qu'elle n'eût peut-être pas ob-
tenu sa célébrité, si Haüy, comme Werner,
n'eût pas eu pour auditeurs les savans élèves
d'une École des mines, celle de Paris. Car
cette classification, toute savante qu'elle
est et malgré son exactitude, ne laissa pas
que d'effrayer à cette époque les minéralogistes, quand elle leur démontra que la
structure des minéraux peut offrir plusieurs
milliers de formes différentes.

Vers cette époque, les géologues entamè-
rent une discussion de la plus grande importance, et peut-être au-dessus des forces
de l'entendement humain : elle était relative
à la connaissance de la formation primitive
du globe ; elle partagea et partage encore en
deux classes le monde savant : les uns, parti-
sans du système aqueux des Égyptiens et de
Moïse ; les autres, composés en partie des
élèves de Werner, qui avaient abandonné
les opinions systématiques de leur maître,
considérant au contraire la fusion ignée
comme le premier principe de la formation
terrestre. C'est dans cette discussion du plus
haut intérêt, et dans l'établissement des faits
qui ont rendu la GÉOLOGIE une véritable
science, que se distinguèrent avec tant d'é-
clat M. *Cordier*, un de nos plus célèbres professeurs, ainsi que MM. *Cuvier* et *Brongniart*,
dont le *Discours sur les révolutions du globe*
sera toujours un monument du génie. Vers
le même temps aussi, et depuis, nous avons
vu MM. *Backwel*, *Greenough*, *Conybeare*,
Buckland, *Esmarck*, *Voigt*, *Freisleben*, *Haus-
mann*, *Escher*, *Brocchi*, *de Boué*, *de Férussac*,
Constant-Prévost, *Jules Desnoyers*, et un grand

nombre d'autres observateurs habiles, éten-
dre le domaine de cette partie de la science
minéralogique.

La lutte établie à ce sujet entre les géologues s'est beaucoup affaiblie : on a compris
qu'il ne serait peut-être pas impossible que les
deux opinions se trouvassent également fon-
dées, mais qu'elles ne fussent seulement ap-
plicables qu'à quelques parties spéciales de
l'écorce de la terre.

Les recherches auxquelles ces discussions
ont donné lieu n'ont pas été sans utilité pour
la minéralogie proprement dite ; un grand
nombre d'espèces nouvelles furent décrites,
et l'analyse chimique éleva l'échafaudage qui
devait servir à étayer les nouveaux systèmes
méthodiques qu'on pourrait proposer par la
suite.

En 1797, arrivèrent les découvertes du chrô-
me par M. Vauquelin, le traité sur l'espèce minéralogique de *Dolomieu*, et l'on vit M. Hat-
chett obtenir le colombium ou tantale ;
M. *Wollaston*, le palladium et le rhodium ;
M. Descotis (1803), l'iridium, et M. Tennant,
l'osmium. Tandis que *Berthollet* publiait les
résultats de ses analyses chimiques, M. *Dalton*

(1804) en fit l'objet des méditations de son génie, et offrit une théorie nouvelle sur la composition des corps ; il fut suivi dans cette route par le docteur *Wollaston*, qui débuta dans ses recherches par le rapport des nombres dans l'oxalate, le bi-oxalate et le quadroxalate de potasse. L'exactitude de ce travail fut confirmée par M. *Berzélius* qui obtint le cérium, cette même année.

Ces faits et plusieurs autres attirèrent peu à peu l'attention des savans, et fixèrent particulièrement celle de sir *Humphry Davy*, qui découvrit bientôt, dans le cours de ses recherches, les élémens des alcalis et des terres, auxquels il donna les noms de potassium, sodium, barium, strontium et calcium : ses expériences galvaniques l'occupèrent presque exclusivement alors (1810). De son côté, *Berthollet* continuait ses travaux d'analyse ; et, à l'exemple de ce philosophe ancien pour lequel le pauvre genre humain n'était qu'un sujet continuel de blâme et de sarcasmes, M. Dalton faisait renaître le système des atomes de Démocrite, en déclarant adopter la divisibilité de la matière, jusqu'à une dernière parcelle supposée infiniment petite, mais encore pondérable; et prendre l'hydrogène pour unité ou point de départ des comparaisons qu'il voulut établir pour arriver à la connaissance exacte du poids de l'atome, c'est-à-dire du plus petit fragment de chacun des corps. Il est probable qu'il fut entraîné dans cette opinion par la légèreté de l'atome de l'hydrogène; mais il ne fit pas réflexion que le poids de ce gaz n'étant ni parfaitement connu ni répandu dans le plus grand nombre des corps, il était imprudent de fonder ses calculs sur un point de départ si peu stable; aussi cet inconvénient fut parfaitement senti par le docteur Wollaston, qui, le premier, adopta l'oxigène pour unité, attirant à son opinion MM. Berzélius et Thomson.

En même temps que cette division se jetait parmi les chimistes de nos jours, sur le choix de l'unité atomistique, les minéralogistes n'étaient pas plus d'accord : d'un côté, l'on voyait M. Brochant défendre l'école de son maître, en faisant paraître une partie du système de Werner ; et de l'autre, on entendait dans les cours publics M. Brongniart soutenir la méthode d'Haüy, qui, l'année suivante, trouva un nouvel appui dans Malus (1811), après sa découverte de l'axe de réfraction des cristaux, découverte devenue depuis fort importante par les travaux de MM. Biot et Brewster. Mais les expériences de M. *de Mitscherlich* ayant démontré que les formes se multiplient à l'infini, en recevant des modifications suivant les circonstances dans lesquelles se trouvent les substances, et notamment en raison des variations de la température, et que par suite de ces modifications il doit exister et il existe en effet des analogies de forme entre des espèces très-différentes, on chercha à simplifier la connaissance des minéraux qui semblait se compliquer de plus en plus : les chimistes saisirent cette occasion pour présenter des systèmes méthodiques spécialement basés sur la composition chimique. Ce fut alors qu'on les vit concourir à l'envi à la recherche de la vérité, dans le pur intérêt de la science. Ainsi le docteur Wollaston (1815) dressa, par le calcul, son échelle des équivalens; on obtint (1818) la pesanteur spécifique des corps dans leur état gazeux, et par suite le poids de leurs atomes. M. Stro-

meyer découvrit le cadmium; M. Awferd-
son, le lithium; et M. Berzélius (1819),
renouvelant les expériences déjà faites par
Cronsted sur les minéraux par le secours du
chalumeau, parvint, avec cet instrument, à
obtenir les meilleures et les plus promptes
analyses microscopiques des substances.

Ces découvertes, comme on peut le con-
cevoir, jetèrent la plus grande incertitude
dans les diverses classifications, qui, dès lors,
ne purent passer que pour de simples méthodes artificielles. La chimie offrit plus que
jamais une chance de certitude à laquelle
on n'avait pas encore pu arriver dans le
classement des espèces en familles, quoique
cependant, dans tous les systèmes, excepté
celui de *Mohs*, les substances minérales eus-
sent été rangées en grandes classes d'après
leur nature chimique; mais on avait abandonné le classement des espèces et des familles à des caractères plus ou moins variables,
ne présentant que des moyens qui souvent
offraient des caractères analogues dans plusieurs espèces différentes, même quand d'ail-
leurs ces espèces étaient susceptibles de
prendre des formes régulières : M. Ampère

(1820), pour résoudre ces difficultés, chercha à former une classification chimique
d'après l'analogie qui règne entre les élémens des espèces et d'après celle qui lie ces
espèces les unes avec les autres ; mais cette
idée ingénieuse d'une échelle analogique,
sans être absolument neuve, n'a point été
adoptée par les chimistes, et ne l'a été que
par un très-petit nombre de minéralogistes
qui étudièrent depuis les espèces minérales ;
enfin, peu de temps avant (1819), M. Berzélius avait proposé une classification des minéraux ; il les divisa, d'après leurs propriétés
électro-chimiques, en deux grandes classes,
qu'il sous-divisa en plusieurs ordres. Ce savant distingué n'a fait que proposer ses
idées, laissant au temps à les modifier, suivant l'avancement de la science.

Cette méthode de M. Berzélius a été en
partie adoptée par M. Brongniart, et appli-
quée aussi en partie par M. Haüy à sa méthode, dans la deuxième édition de sa Minéralogie ; M. Beudant lui-même (1822) a
emprunté le fond de son propre système au
savant Suédois, en admettant pour point de
départ le cercle des analogies chimiques des

élémens de M. Ampère; mais dans ce moment où un véritable chaos règne dans nos classifications, MM. Beudant et Berzélius sont en discussion sur leurs manières diverses de classer les substances minérales. Toute liberté est donc accordée, en cet instant, sur le mode de grouper les espèces: heureusement que ce mode de groupement en grandes classes est assez indifférent, pourvu qu'on puisse toujours reconnaître les espèces et les ranger par familles.

Depuis dix ans, comme on vient de le voir, les découvertes qui chaque jour se sont renouvelées avec une rapidité surprenante, ont été cause du peu de stabilité des divers systèmes tour à tour émis et abandonnés, jusqu'à ce que la chimie soit enfin venue imposer sa loi à la minéralogie, qui a refusé long-temps de la reconnaître comme protectrice, malgré les travaux faits à son profit, à différentes époques, par MM. Dalton, Davy, Wollaston et Berzélius. Il existe toujours, même en France, une division de principes telle, que nos professeurs les plus célèbres de Paris ne sont pas d'accord sur leur mode d'enseignement.

Indécis, d'après le conflit d'opinions qui existe parmi nos professeurs, et forcé de choisir entre leurs systèmes, nous nous sommes donc décidé pour l'un des plus nouveaux, sans cependant prétendre le considérer comme le meilleur; car, simple historien des faits, notre intention n'a jamais été de juger les travaux des savans auteurs des diverses classifications, et nous ne pouvons nous permettre d'attaquer ou de défendre des hommes pour lesquels nous aurons toujours le respect qu'exige leur mérite. Aussi, afin de montrer notre impartialité, lorsque nous parlerons des classifications, nous donnerons en détail les méthodes les plus dominantes; de cette manière, chacun pourra choisir celle qu'il lui plaira le mieux d'adopter; mais, devant tenir le public à la hauteur des nouveautés scientifiques, nous avons dû lui offrir ici la classification de M. Beudant; et, pour faciliter la reconnaissance des espèces, nous ajouterons à ses descriptions les observations que nous puiserons dans les leçons des divers professeurs que nous avons suivis. Ainsi nous ferons nos efforts pour que la cristallographie ait pour contre-épreuve

le système empyrique, et ce dernier les analyses chimiques; persuadé qu'à l'aide de ce
contrôle, on doit parvenir peu à peu, et sans
commettre de trop graves erreurs, à fixer
définitivement l'espèce et la variété de chaque minéral.

Nous voilà parvenu au point où finit
l'histoire de la Minéralogie, c'est-à-dire à
l'époque présente, et cependant nous n'a-
vons pu citer une foule de savans auxquels
cette science doit quelques parties de son
avancement. Ainsi, MM. Philipps, Jame-
son, Atkins, Monteiro, Weiss, Léonhardt,
Parsch, Monticelli, John, Gmelin et Dela-
fosse, n'ont-ils pas tous donné des preuves
que l'expérience des uns peut encore être
utile à la science, et que la jeunesse des autres, en se livrant aux recherches minutieu-
ses qui ont constitué la célébrité des savans
qui nous ont précédés, peut faire espérer
que la Minéralogie s'enrichira de jour en
jour de précieuses découvertes, et que l'é-
tude de cette science s'éclaircira de plus en
plus?

Après avoir signalé le but et la marche

des divers systèmes, et les travaux des savans, qu'il nous soit permis, en terminant cette esquisse historique, de rappeler qu'elle a aussi ses avantages cette science qui, bien qu'elle soit moins brillante qu'utile, se présente comme prêtant à tous les arts des secours de la plus haute importance. L'agriculteur n'ignore pas impunément la composition du sol qu'il travaille ; l'industriel, le fabricant d'instrumens et de machines, y trouvent l'élément de leur art : entre leurs mains les minéraux revêtent toutes les formes, affectent toutes les qualités, se prêtent à tous les besoins; l'artiste doit consulter la Minéralogie pour le choix des matériaux qu'il emploie, et même il n'est pas jusqu'aux femmes auxquelles cette science n'enseigne à discerner, d'une manière certaine, les brillantes pierreries qui doivent relever l'éclat de leur beauté, d'avec ces morceaux de verre ou strass, imitateurs trop fidèles des riches minéraux qu'ils représentent.

Enfin, dira-t-on que la Minéralogie laisse sans gloire ceux qui la cultivent ? Les bannirait-elle donc de l'immortalité, cette science qui transforme le voyageur en un

être intrépide, et lorsque naguère encore
nous avons vu un de Saussure prendre le
haut des Alpes pour base de sa réputation,
et M. de Humboldt établir la sienne en osant
gravir les pics les plus élevés du Nouveau-
Monde?

www.ingramcontent.com/pod-product-compliance
Ingram Content Group UK Ltd.
Pitfield, Milton Keynes, MK11 3LW, UK
UKHW031749170726
13836UKWH00002B/950

9 782329 243115